U0332376

养羊实操手册

YANG YANG SHI CAO SHOU CE

卢德◎著

吉林科学技术出版社

图书在版编目（CIP）数据

养羊实操手册 / 卢德著 . -- 长春：吉林科学技术
出版社，2021.7
ISBN 978-7-5578-8420-8

Ⅰ . ①养… Ⅱ . ①卢… Ⅲ . ①羊 – 饲养管理 – 手册
Ⅳ . ① S826-62

中国版本图书馆 CIP 数据核字（2021）第 150249 号

养羊实操手册
YANGYANG SHICAO SHOUCE

著　　者：	卢　德
责任编辑：	李红梅
封面设计：	人文在线
开　　本：	145mm×210mm　1/32
字　　数：	76 千字
印　　张：	5.25
印　　数：	1000 册
版　　次：	2021 年 7 月第 1 版
印　　次：	2021 年 7 月第 1 次印刷

出　　版：	吉林科学技术出版社有限责任公司
发　　行：	吉林科学技术出版社有限责任公司
地　　址：	长春市福祉大路 5788 号出版大厦 A 座
邮　　编：	130118

发行部电话 / 传真：0431-81629529　81629530　81629531
　　　　　　　　　　　　81629532　81629533　81629534
储运部电话：0431-86059116
编辑部电话：0431-86037574

网　　址：	www.jlstp.net
印　　刷：	天津雅泽印刷有限公司

书　　号：	ISBN 978-7-5578-8420-8
定　　价：	38.00 元

序

　　众所周知，我国是畜牧业大国，也是肉食品消费大国，猪、鸡、牛、羊养殖量大，但近年来由于受非洲猪瘟冲击，我国生猪出栏量大幅下滑，猪肉价格不断高涨，带动羊肉价格也步步高升，加之烧烤、火锅等新型消费的崛起，羊肉需求量更是大幅攀升，肉羊养殖备受关注。提到肉羊养殖，必然离不开西北五省（内蒙、甘肃、新疆、宁夏、青海），因西北地区少数民族人口众多，老百姓主要消费的肉食为羊肉，所以西北地区既是羊肉产区，也是羊肉销区。中天羊业作为农业产业化国家级重点龙头企业，扎根西北 17 年，形成了肉羊育种、农民培训、肉羊育肥养殖、肉羊屠宰加工及销售为一体的肉羊全产业链，集团在带动农民脱贫致富、促进行业体制增效、实现乡村振兴等方面贡献着自身力量，形成了"中天模式"，在此，希望广大同行到西北、到中天交流。

　　随着国家"十四五"规划发展的开启，食品供给安全已上升至国家战略。羊肉市场需求持续增加，加之各地禁牧政策的实施，肉羊的集约化养殖变成了大势所趋，但肉羊产业没有猪、禽产业起步早，且经过了 30 多年的高速发展，其各方面技术已经非常成熟。肉羊产业则相对滞后，技术不成熟，一线农户养殖技术匮乏，很多刚从事肉羊养殖的农户不知从何入手，造成了很大的经济损失。针对这些实际情况，卢德老师根据所学专业特长，结合十几年的一线养殖服务经验，从肉羊产业发展现状、羊场设计、肉羊各阶段饲养的注意事项、各阶段常见疾病、常用饲草、环境控制、养羊常见问题等方面入手，撰写了《养羊实操手册》，深入浅出、循序渐进地介绍了养羊经验，内容简明扼要，语言通俗易懂，技术参照性强，值得广大养羊户借鉴与参考。

该书的出版和推广，希望能对广大养殖户养羊技术的提高有所裨益，真正能为养羊户增收致富提供帮助，为实现养羊产业发展贡献力量。也希望更多有志青年从事羊产业，扎根农村、扎根农业，共同为实现国家的乡村振兴战略贡献力量。

甘肃中天企业集团董事长

前　言

随着人们生活水平的不断提高，加之猪肉供应的紧张，牛、羊肉的消费需求大幅增加，带动了牛、羊肉价格的快速上涨，为满足牛、羊肉供给，集约化的育肥饲养模式慢慢替代了过去"小、散、放"的饲养模式，专业化的育肥分工饲养模式逐渐替代了传统的混养模式，比如河北唐县，山东盐窝、冠县，甘肃武威等地的外购羔羊专业化育肥，年出栏肉羊达到上百万只，育肥规模逐渐扩大。河南洛阳、开封、濮阳等地的专业化繁育场养殖并繁育母羊，销售羔羊，通过选种、选育、缩短配种间隔等一系列方法，提高母羊的繁育性能，让母羊多产羔，其管理水平和产羔率已达到行业领先。甘肃张掖、酒泉、金昌等地的专业化小育肥实现了购买十几斤的羔羊育肥 40 天左右，生长至 35 斤上下，控制住了死淘率，搭配好饲料营养，将养出的二槽羊出售给专业的育肥户饲养，获得了短进短出的羔羊保育收益。

上述新的养殖形势的出现，说明行业在快速发展，再也不是过去的粗放式饲养，作为从业者的我们，应该怎样从事我们现在的工作；作为新入门养羊人的我们，应该怎样从事自己的养羊事业；作为专业养羊户的我们，集约化饲养后应怎样提高养殖效率，提升养殖效益，预防集约化饲养带来的新问题及集约化饲养后规模场疫病预防等问题摆在我们面前。

本书主要讲述了肉羊养殖行业的现状、羊场设计注意事项、肉羊各阶段的饲养管理、肉羊各阶段的常见疾病、肉羊常用饲草介绍、养羊技术分享等方面的内容。

由于本人水平所限，加之时间紧张，书中所谈内容仅代表个人观点，没有学术倾向，其中不足之处在所难免，请读者和行业同仁多提宝贵意见。

平凡的人生

这是一个平凡的世界

这里有平凡的我们

我找不到了自己

欢乐让人痛苦

在我们短暂而漫长的一生

我们苦苦寻找的幸福

往往失之交臂

我们耗尽宝贵的青春

最终懂得了人生的真谛

人生

在经历中成长

我们都归于平凡

归于平凡的世界

无论怎样挣扎

终归回到原点

遵循心的方向

就是平凡中的伟大

吾心安处是吾乡

......

目　录

第一章

我国反刍产业概述

图 1　祁连卓尔山草原

第一节　我国反刍产业发展现状

一、反刍动物的特性

1.反刍动物的特性

反刍动物种类繁多，有骆驼、鹿、奶牛、奶羊、牦牛、肉牛、肉羊等。为何叫反刍动物，何为反刍？以羊为例，羊把精饲料和粗纤维咀嚼后咽下至瘤胃，在瘤胃内混合、湿润、分解后挤压至网胃，在到达瓣胃前，通过食道再逆流返回口腔细细咀嚼，然后再咽下的过程称为反刍，又称为倒嚼。反刍动物有独特的消化吸收系统，可以消化很多原料的辅料，这些辅料，市场价格低廉，用在猪、鸡饲料上吸收很差，若用来饲喂牛、羊，通过其庞大的复胃消化功能，进行消化吸收，能够降低牛、羊精饲料的成本，具有价格优势。

反刍动物和人类一样，也属于胎生哺乳动物，怀孕周期长，多为单胎或双胎，繁殖率低，以羊为例，年产羔为2.5～3只，和猪年产28头相比，差异很大，超低的繁殖率也是反刍行业的痛点所在。反刍动物造肉成本很高，以羊为

例，育肥至 120 斤，料肉比为 5 : 1，而鸡的料肉比为 1.6 : 1，猪的料肉比为 2.2 : 1，羊的料肉比相当于肉鸡的 3 倍、猪的 2 倍。

2. 反刍产业是畜牧产业中的"朝阳产业"

以畜牧业由传统产业向现代产业转型的年龄计算，我国畜牧产业发展应该从 1981 年正大康地拿到深圳 001 号外商企业营业执照进入中国开始计算，至今走过了 40 年的发展历程。整个畜牧产业的发展中家禽业做的最早，至今已有 35 年，而生猪产业大约从 1993 年开始进入发展轨道，也用了 28 年的时间。而反刍产业发展的起步时间要从 2010 年开始算起，2015 年才逐步进入正轨，至今不足 10 年。

3. 反刍产业为草地资源型产业

反刍动物又称为草食动物，其特点就是过分依赖草场。国内的草场主要集中在青海、内蒙、甘肃、宁夏、新疆等西北地区，这些地区由于低温少水，草产量原本就很低，如再大量繁殖并育肥，对草地生态就会造成很大的破坏，所以近年来国家出台了很多政策，采取限制育肥量、轮牧、禁牧等措施来保护草地生态，这样就倒逼行业发展由原来的草原放牧转变为目前的草原养殖繁育母畜，内地养殖育肥羔羊舍饲育肥。虽然近年来内地也出现了一批大规模的母畜繁育场，但现阶段60%以上的牛羊繁育母畜仍集中在草原地区。

4. 反刍产业目前所处的行业阶段

畜牧业从传统养殖模式慢慢进步的过程分为三个阶段：第一阶段称为养殖初级阶段，属于第一产业，即技术驱动。第二阶段是产业发展阶段，属于第二产业，即投资驱动。第三阶段是产业链升级阶段，属于第三产业，即资本驱动。现在家禽和生猪产业已属于第三产业阶段，而反刍产业目前还处于第一产业的初级阶段，前面的路还很长，但对于从业者来说，相对猪、禽产业，恰恰机会更多。

图 2　张掖安格斯牛

二、反刍行业现状分析

（一）养殖现状分析

1. 牛羊类反刍动物出栏分析

据统计目前国内母牛存栏量 7 000 万头以上，而育肥肉牛年出栏量仅 4 500 万头左右，母羊存栏量 2 亿只，而育肥肉羊年出栏量仅 3 亿只左右。2020 年我国羊肉年产量 492 万吨，牛肉年产量 672 万吨，供需差异巨大，如果按我国 13 亿人口折合，人均牛、羊肉消费量远低于世界人均消费水平。

2. 规模化养殖处于初级阶段

畜牧业规模化经营是趋势，但目前的反刍行业仅相当于 20 世纪 80～90 年代的猪、禽产业，规模化初具雏形，流程化尚未真正起步，未来肉羊、肉牛规模化养殖将会快速起步和发展。

3. 反刍养殖是重资产行业

由于牛、羊养殖的繁殖率远低于猪、禽，且单体投资大，投入周期长，投入产出比低，重资产投入远远高于猪禽等产业，这也是制约我国反刍行业发展的重要因素。

4. 放牧、舍饲与环保

过去养牛、养羊以放牧为主，特别是母畜。后来随着养殖数量的增多，变为半放牧半舍饲。近年来，由于环境保护和禁牧等措施的实施，舍饲比例开始增多。特别是内陆地区，如东三省、河北、山东、河南、甘肃、内蒙等地禁牧管理越来越严格，因此舍饲比例逐步上升。但是放牧与舍饲的成本差异太大，以一头母牛的年养殖费用为例，放牧是 1 500 ～ 1 800 元 / 年，舍饲是 4 500 ～ 5 500 元 / 年。以一只母羊的年养殖费为例，放牧是 180 ～ 250 元 / 年，舍饲 1 000 ～ 1 500 元 / 年，放牧和舍饲成本相差很大，但是随着禁牧管理越来越严格，以后的成本肯定会逐渐统一，届时规模化养殖会越来越多。

5. 北繁南育与东羊西进

牛、羊养殖行业有两大特点：

（1）北繁南育，北方牧草资源丰富，加之可以放牧，养殖成本低，养母畜较多，繁育出来的架子牛和羔羊可以拉到南方内地进行育肥。

（2）东羊西进，养母羊较多的东北、内蒙、甘肃等地及其周边，可将小羔羊卖到唐县、沧州、盐窝、冠县等地进行育肥，然后再拉去新疆屠宰销售。

6. 牛羊养殖效益分析

目前由于牛犊苗和羔羊苗稀缺，苗价高涨，养殖母畜利润好于养殖育肥。现在养一头母牛，一年大概有 6 000 元利润，过去大概也就 2 000 元；养殖一只母羊大概一年有 1 000 元利润，过去大概也就 200 元。养殖一头育肥牛有 3 000～4 000元利润，养殖一只育肥羊有 300～400 元利润。母畜养殖利润远远好于育肥养殖利润。当下阶段，无论是养母畜、繁殖、

育肥，效益都非常好。

（二）消费现状分析

1. 行业集中度低

国内年屠宰肉牛 4 600 万头、肉羊 3.5 亿只，主要是小型屠宰企业和小屠宰户在屠宰。目前年屠宰量超过 10 万头肉牛的企业很少，而年屠宰量超过 100 万只肉羊的企业几乎没有。

2. 价格不占优势

一是国内人口众多，加之收入和生活水平的提高，牛、羊肉消费量大，国内存栏无法满足，供小于需，造成国内牛、羊肉价格居高不下。

二是国外以放牧为主，人工成本、养殖品种等优于国内，因此成本低于国内。

3. 新型餐饮行业带动牛、羊肉消费

随着猪肉价格的高涨，百姓的消费也随之发生了变化，猪肉消费量在逐步下降，牛、羊肉消费量在快速提高，特别是在火锅等新型餐饮行业，主要以牛、羊肉为主。

（三）饲料现状分析

1. 反刍饲料处于起步阶段

反刍饲料行业目前还处于起步阶段。还未出现像猪、禽料类的大型集团性饲料企业，行业内的专业化反刍饲料公司年产销量规模都不大，销量最多的也就 30 万吨左右，个别集团化企业近几年也开始涉足反刍饲料。目前反刍饲料行业属于同平台起步，各企业间差异不大，但随着集团型企业开始重视反刍饲料行业，未来肯定会加快促进反刍饲料业的发展。

2. 反刍饲料市场容量巨大

反刍饲料未来市场容量巨大。2018 年，年产反刍饲料 1 004 万吨，2019 年增长到 1 300 万吨，2020 年预估达到 1 650 万吨，这两年年增长率均在 30% 以上，2023—2024 年有可能超过水产饲料。随着反刍动物舍饲量的逐渐增加，未来 10 年将有可能达到家禽饲料的产量。

3. 反刍饲料营养技术方面处于初期阶段

反刍饲料在营养技术方面，多数参考奶牛饲料的营养数据库，数据库资料匮乏，过去饲草价格低廉，如今饲草价格越来越高，性价比越来越低，所以反刍饲料亟待技术突破和提高。

图 3　阿拉善右旗沙地上的骆驼

三、反刍行业的发展趋势

（一）反刍行业是中国畜牧饲料行业的最后一块蛋糕

（1）中国畜牧业经过 30 年的高速发展，目前进入从数量增长到质量提升的阶段，肉类消费总量每年略有增长，呈禽稳、猪降、牛羊增的态势。

（2）反刍饲料行业在从传统模式像现代模式转型的过程中，有猪、禽、水产行业的经验借鉴，未来一定会呈现跃进式发展。

（3）反刍行业未来会和猪、禽行业早期一样，企业唱主角、散户唱配角，未来行业企业一定会迎来大的发展机遇，成就一批像猪料企业一样的航母型企业。

（4）反刍行业未来将是饲料端推进养殖端发展，养殖端推进食品端发展，层层递进，最终推进整个产业快速发展。

（二）牛、羊肉类消费总量的增长与严重缺草的矛盾

（1）由于牛、羊肉消费总量持续增长，随着禁牧措施的实施，加之养殖量的增加，牧草的需求量急剧增加，严重缺草迫在眉睫。

（2）充分利用农作物秸秆资源，用技术进步，解决缺草问题。

（3）由于缺草问题，未来国内将出现大型草业企业集团。

（三）集团型饲料企业将大举进入反刍行业

（1）反刍行业是重资产行业，需要集团型大企业的资金投入。

（2）大型集团化饲料企业可以带动技术的快速进步。

（3）未来几年，将会迎来反刍行业的爆发期，届时一定会出现多家具有代表性的反刍行业上市公司。

图 4　中天羊业基地

第二节　我国肉羊行业发展现状

在没有接触养羊这个行业时，提到养羊，首先出现在我脑海中的便是黄土高坡上，一位老汉裹着白头巾，赶着一群羊在山坡上放牧的场景，这就是早期养羊的放牧模式。但真正进入这个行业后，才知道这个行业已经发生了翻天覆地的变化，就像养猪产业一样，已经开始了专业化分工。特别是经历了 2013 年和 2014 年的行业低谷后，倒闭了一批养殖效益不好的企业，使得行业进一步理性和成熟了。到了 2017 年下半年随着羊价的一路高涨，更是涌现了一批优质养羊企业，如中天、中盛、青青草原、润林、钱宝、安欣等都是区域内有影响力的羊企。随着养羊集约化的进一步提高，肉羊出栏量也在大幅增加。特别是 2018 年以后，随着猪肉价格的高涨，居民的消费习惯也发生了改变，羊肉消费也随之一路高歌猛进，从 2011 年的 405 万吨增加到 2019 年的 526 万吨，增幅接近 30%。2020 年受疫情影响，虽然增幅暂缓，但随着疫情的逐渐控制，相信 2021 年羊肉的消费量增幅还会进一步提高，未来肉羊产业一定会快速迭代，蓬勃发展。

图 5　杜泊杂交羊

第三节　发展肉羊产业的目的

我国有 56 个民族，各民族风俗不同，消费习惯也不尽相同，如回族、维吾尔族、蒙古族等许多少数民族是以羊肉为主要肉食，基础消费量大，加之近年北方随着火锅、南方随着烧烤、西北随着传统手抓等消费习惯的养成，也快速增加了羊肉的消费量，同时随着猪肉价格的高涨，老百姓的消费习惯也发生了改变，羊肉成了猪肉的替代消费，这无形当中也增加了羊肉的消费量。随着羊肉消费量的增加，羊肉供应是当前最大的问题，这就给我们养羊从业者提供了足够的舞台，加之国家为恢复生态采取的禁牧政策，使得肉羊养殖的规模化、集约化成为了现实，未来的企业育种、农户的扩繁、专业户的商品化育肥，一定会是主要的肉羊养殖模式。

牛、羊同属于反刍动物，"牛吃的是草，挤出来的是奶，羊吃的是秸秆，挤出来的是可以替代猪肉的羊肉"，大家都知道，我国是猪肉消费大国，猪肉的供应，需要大量玉米、豆粕等精饲料来转化，我国人多地少，蛋白原料和能量原料缺乏，例如大豆 80% 靠进口，随着国外疫情的加剧，大豆进口价格持续上涨，玉米等能量饲料原料的进口价格也出现了大幅上

涨，目前国内玉米价格普遍突破 3 000 元 / 吨，还有进一步上涨的可能，猪与人争粮的态势初见端倪，羊肉作为猪肉的替代品，将来一定会成为现实。未来几年的羊产业一定会涌现出一批像猪产业一样的领军企业，加之许多原来没在反刍板块布局的农牧企业，也会转回头，大举布局反刍产业。希望目前正在从事羊产业的企业，脚踏实地，立足当下，立足羊产业，为国家禁牧、为沙尘治理、为餐桌肉类消费做点事情，让我们对未来充满信心，因为未来属于我们。

第二章

肉羊养殖场简约化设计

图 6　湖羊繁育场

第一节　母羊养殖场设计

民间有句俗语：养好羊就要盖好圈。特别是母羊对圈舍要求更高，圈舍怎样建设才合理，要根据各地的自然生态条件因地制宜。母羊圈舍建设首先要选择远离居民区、工厂、国道、主干道的地方，且要求地势较高、避风向阳、干燥、便于排水。

繁育母羊场要划区建设，生活区和生产区要分开。生产区建设建议依次为草料棚、后备母羊舍（全封闭）、怀孕母羊舍（半封闭）、待产母羊舍及羔羊保育舍（全封闭，强化采光）、空怀配种母羊舍（半封闭）、粪污无害化处理车间。羊舍之间的距离建议 20～50 米，单只空怀母羊所需面积建议为 1.2 平方米，怀孕母羊所需面积建议为 1.5 平方米，哺乳母羊所需面积建议为 2 平方米。圈舍内可以用水泥地面，上面用漏粪地板，但要设计好刮粪板的长度，刮粪板的长度不宜过长，同时注意不要从漏粪板下面倒进贼风，以免母羊和羔羊受寒。

图7 散户羊圈

第二节　育肥羊养殖场设计

　　育肥羊场建设得越简单越好，务必避免重资产投资，强化机械生产，减少人工，最佳比例1：2 000只，傻瓜式养羊反而效益最佳。

　　育肥场也是要生产区和生活区分离，草料场介于生活和生产区之间，饲料车间为封闭车间，草料棚为半封闭，根据羊场存栏建设草棚，羊舍选择地势干燥的避风口处，可建设一面后墙三面敞篷式羊舍，但两头需要加墙以防横风。同时根据各地环境选择屋顶，需要起到遮阳保暖作用。建议圈舍内分栏，50 ～ 100只一栏，10 ～ 20栏一棚，尽量单排，排间距30米以上，圈舍地面直接用红砖铺即可，最后一排为专门的隔离舍。育肥羊的养殖建议采用全进全出模式，一批大羊出栏后，用铲车清理粪便，然后全面消毒，消毒后羊舍最好能静置30天以上，进羊前，二次消毒后再进羊。育肥羊舍围栏务必用加粗钢筋，否则很容易被公羊顶坏，育肥羊舍水槽建议用可以自动上水的水槽，不要用饮水碗，饮水碗会造成羊饮水不足、懒饮。饮水不足对羊的危害性很大，会降低羊的饲料利用率，间接影响羊的增重效果。育肥羊场设计时，第一栏圈舍要单独建设，作为入场隔离使用，入场隔离调理 20 天后，做完疫苗，驱完虫，健完胃，走药浴通道，进入正式育肥阶段。做育肥场就是一句话，越简单越好，越简单越容易赚钱，化繁为简，不要做重资产投资的"高大上"。

育肥羊养殖场所需设备一般有六大类：

（1）饲喂设备，主要指饲喂槽、饲喂车等。

（2）饮水设备，主要指饮水槽、饮水碗、饮水系统等。

（3）钢架围栏设备，主要指将羊舍按圈分割的钢架栏杆。

（4）消毒设备，主要指进出场的消毒系统。如车辆消毒池、人员消毒通道、羊的药浴池及所有的消毒器具（高压清洗机、喷雾消毒机、火焰喷射器等各种消毒专用设备等）。

（5）粪便处理设备，主要指粪污堆放棚、粪便堆放设备、粪便翻转设备、粪便发酵后处理设备、粪便运输车辆等。

（6）其他常用设备，主要指饲料加工、饲草加工、采暖设备（电热板、红外线灯、保温箱等）、降温设备（风机、喷雾降温系统）等。

第三章

羊的阶段饲养

图 8　澳洲白种羊

第一节　羊的生理结构

养羊首先要知道羊属于反刍动物，反刍动物有 4 个胃，即瘤胃、网胃、瓣胃、皱胃，每个胃的生理机能各不相同。

瘤胃是成羊 4 个胃中最大的胃，主要作用是发酵、分解、反刍。瘤胃内有大量的瘤胃微生物，通过瘤胃微生物菌群对瘤胃内的水、饲料和草进行混合、发酵、分解，并把胃内容物向前推送，为微生物繁殖提供营养物质。瘤胃内 50% ～ 70% 的饲料蛋白可以被微生物蛋白酶分解为多肽和氨基酸，氨基酸经脱氨酶的作用产生有机酸、氨和二氧化碳，然后被瘤胃微生物利用。瘤胃微生物主要包括纤毛虫、细菌、真菌。瘤胃纤毛虫分为全毛与贫毛两类，其主要功能是分解营养物质的酶类，如分解蛋白质的酶蛋白酶，分解糖类的酶 α- 淀粉酶、蔗糖酶等，分解纤维素的酶纤维素酶、半纤维素酶，酶主要用于分解饲料中的糖类和蛋白质，同时还具有水解脂类吞噬细菌等能力，饲喂日粮的次数越多纤毛虫的数量就越多。细菌的主要功能是分解糖类、纤维素、蛋白质。真菌含有丰富的酶，如纤维素酶、木聚糖酶、糖苷酶、半乳糖酶、醛酸、蛋白酶等，对纤维素的消化能力很强。

　　网胃位于瘤胃前部，与瘤胃并不完全分开，饲料可以在瘤胃和网胃之间自由移动，网胃又称为蜂窝胃，内皮有蜂窝状组织，其主要功能是如同筛子一样把随饲料和草一起吃进去的钉子、铁丝等异物留存其中。

　　瓣胃又称第三胃，位于反刍动物腹腔前部右侧，前通网胃后接皱胃，黏膜面形成许多大小不等的叶瓣，又称百叶，主要用来阻留食物中的粗糙部分，继续磨细，并输送较稀软的部分进入皱胃，同时吸收大量水分和胃酸。

　　皱胃又称真胃，是第四胃，位于反刍动物右侧腹底部，上连瓣胃，下接十二指肠，功能类似单胃动物的胃，有消化腺体，主要分布在胃底和幽门处，分泌盐酸、胃蛋白酶和凝乳酶等，呈酸性，pH 在 1.05～1.32 间，对饲料中的蛋白有消化功能，皱胃胃液还可以杀死食糜中的微生物，为动物提供营养。

　　综上所述，根据羊的消化生理特点，在瘤胃、网胃、瓣胃、皱胃中，瘤胃是其中最重要的胃，内有大量微生物活菌，主要起到分解发酵作用，饲养时不宜使用抗生素和激素类添加

剂，短期饲喂可能会促进羊的生长，实则破坏了瘤胃的微生物
菌群，造成后期饲料吸收利用率差，羊生长缓慢，死亡率高。
网胃主要起到过筛、运送、储存异物的作用。瓣胃主要起到挤
压、研磨、吸收水分的作用。皱胃主要起到消化、分解、吸收
的作用。

图 9 新购羊苗

第二节　羔羊的育肥品种选择

育肥羔羊品种的选择是影响育肥效益的关键因素，目前市场上育肥羊的品种按大品类分为山羊和绵羊两种，一般育肥山羊为白山羊和绒山羊，白山羊养殖分布较广，在江苏、安徽、山东、河南等地均有。在太行山地区还有一种特有的黑山羊品种，主要分布在山西和河南交界的太行山地区。

近年来，在养殖山羊和绵羊之间还出现了一种民间俗称为"假山羊"的育肥品种。其实所谓"假山羊"也属于绵羊品系，因其长相像山羊，固被称为"假山羊"，又称为青海羊，多分布于青海、甘肃等地。

绵羊的主要品种有寒羊、湖羊、杜泊羊、萨福克羊等。如育肥需要，建议以采购杂交羊苗为主，分为杜湖杂交羊、杜寒杂交羊、东北细毛羊、内蒙大尾羊等，杂交羊育肥优势明显，饲料转化率高、长得快。纯种羊相对于杂交羊长势略慢，日增重低，不宜育肥。

各品种羊间差异很大，寒羊体型略大，湖羊体型略小，杜泊羊肥硕。正常杂交羊 150 天的育肥体重在 110～120 斤之间，湖羊公羔 150 天的育肥体重在 90 ~ 100 斤。杂交羊全程日增重平均 6 两左右，品种羊日增重 4 两左右，具体还要看个体差异和羊的健康程度，羔羊个体越小或亚健康的羔羊育肥效果一般不会理想。

综上所述，养羊一定要根据各地的屠宰习惯和消费习惯，养合适的羊品种，南方养山羊居多，因为老百姓喜欢吃山羊肉。北方养绵羊居多，因为北方严寒，吃绵羊肉居多。新疆地区则消费大个体绵羊，收购的活羊体重一般在 120 斤左右，内地要小个体活羊，收购的活羊体重一般在 100 斤上下，像甘肃个别地区做羔羊手抓，要求活羊体重不能高于 70 斤。需求不同，价格即不同，毛羊养得越大价格就越便宜，越小则越贵。同时好品种的羊，价格卖得就高，差品种的羊，价格就低，这主要取决于屠宰率和出肉率，出肉率越多越贵。正常养育肥羊的利润在 100 ~ 200 元之间，2020 年最高时走新疆的大肥羊 130 斤左右，每只利润达到 400 ~ 500 元。

推荐的育肥品种：杜寒杂交羊、杜湖杂交羊、澳湖杂交羊、细毛串羊、蒙羊串等公羔。近年很多繁育场用湖羊作母本繁育，将所产的湖羊母羊进行卖种，所产湖羊公羊用来育肥，这种养殖方式也是不错的选择。目前有些养殖户专门抓湖羊公羔育肥，湖羊公羔肉质细嫩，育肥周期短，资金回笼快，加之目前有很多大规模的湖羊繁育场，湖羊公羔较多，相对比较容易集约化采购，比交易市场零散采购，疾病风险要小很多。

图 10　湖羊母羊

第三节　母羊的繁育品种选择

　　随着近年来羊苗价格的高涨，一羔难求的现象十分普遍，养殖繁育母羊成为很多养殖户和养殖场的新选择，近几年养殖母羊利润可观，很多人试水养母羊，但是有同行未必有同利，有人赚钱也会有人亏钱，差异在哪里呢？品种选择是至关重要的一环，养母羊一定要选择母性好、产羔多、采食量小、繁殖力强的品种，具体选哪个品种、考虑哪些因素，下面与大家一起探讨。

　　母羊繁育养殖一般推荐的养殖品种多为湖羊和寒羊，湖羊为太湖地区主要养殖的家畜，目前已在全国推广，其具有早熟、四季发情、一年二胎、多羔、母性好、泌乳能力强、生长发育快、采食量小、适宜规模化饲养等特点，并且改良杂交后产肉性能理想，易群居，其缺点就是骨架小，整羊含骨量 18% 左右，妊娠后期骨质流失严重，易出现难产或产前瘫痪，但如果做好母羊怀孕期的营养搭配，可以有效规避产前或产后瘫痪或难产。湖羊作为母本，其繁殖率优于寒羊，一年可产 1.7～2 胎，每胎可产 2 只羔羊，养殖技术好的话，一年可得 3～3.5 只羊羔，可选择与澳洲白、杜泊、萨福克杂

交，培育出来的杂交羔羊具有长势快、体型大、饲料转化率高等特点。

　　寒羊有大尾和小尾两种，均为蒙古羊系，大尾主要为内蒙古饲养羊，小尾主要为内地饲养羊，寒羊作为母本的多为小尾寒羊。寒羊属于大体型羊，骨架大，含骨量大，整羊含骨量约为22%，其养殖的饲草料成本略高于湖羊，采食量略大于湖羊，母性相对湖羊略差。寒羊也属于四季发情，产羔率低于湖羊，一般为两年三胎，但骨架大，耐粗饲料，既可以放牧，又可以舍饲。其优势在于寒羊作为母本，由于其含骨量高，相对于湖羊出现产瘫的比例略少。

　　虽然湖羊产羔率高，但湖羊长势低于寒羊，且纯种公羔60斤后还有短暂的生长间歇期，大约有一周的时间生长缓慢，但是近两年湖羊母羊供不应求，价格很高。单论育肥价值是寒羊高于湖羊，也有的企业开始尝试三元杂交，利用湖羊种公羊的显性基因和多羔基因，与以寒羊为母本的母羊进行杂交，产出来的母羊表现湖羊的显性基因，即多羔、羔羊出生重小、不易难产，然后再用二代母羊和杜泊或萨福克或澳洲白等公羊杂交，产出来的三代杂交羔羊，饲料转化率高、长势快、体格大、羊肥硕。

下面对常见品种的羊做以介绍。

一、湖羊

（一）品种起源

早期北方移民携带蒙古羊南下，在南方缺乏天然牧场的条件下，改放牧为圈养，利用饲草饲喂的方法进行舍饲。在终年舍饲的环境下，经过多年人工选育而成。

（二）品种简介

湖羊是太湖平原地区的重要家畜之一，也是我国一级保护地方畜禽品种。具有早熟、四季发情、一年二胎、每胎多

羔、泌乳性能好、生长发育快、改良后产肉性能理想、容易饲喂、耐粗饲等优良性状,是世界著名的多胎绵羊品种。

(三)形体特征

湖羊体格中等,公、母均无角,头狭长,鼻梁隆起,多数耳大下垂、颈细长、体躯狭长、背腰平、腹微下垂、尾扁圆、尾尖上翘、四肢偏细、腿长,被毛全白、腹毛粗、稀而短、体质结实。

(四)生产性能

公羊成年体重52千克左右,周岁体重达到成年体重的90%～100%;母羊成年体重39千克左右,周岁体重达成年体重的90%～100%,产羔率为230%。

二、寒羊

（一）品种起源

寒羊起源于蒙羊，是我国优良的地方品种，有大尾和小尾之分，统称为寒羊。大尾多养于内蒙地区，小尾多养于内地，如山东、河南、河北、甘肃等地。

（二）品种简介

寒羊性早熟、四季发情、多胎、生长发育快、个体大、屠宰率高，适于工厂集约化饲养。

（三）形体特征

身体高大、腿长、鼻梁隆起、耳大下垂、一身白毛、被

图 11　放牧的寒羊母羊

图 12　萨福克羊

腰平直、尾呈方圆形、母羊角呈镰刀形、公羊角为螺旋形。

（四）生产性能

寒羊的羔羊生长迅速，断奶体重大，6 个月龄的寒羊公羊体重最高可达 50 千克以上，胴体屠宰率可达到 52% 左右。成年公羊和母羊的体重分别可达 94 千克和 48 千克左右。

三、萨福克羊

萨福克羊原产于英国的萨福克郡，具有体格大、屠宰率高、早熟、生长快、胴体品质好等特点，适合做引种父本，在宁夏、新疆、河南、甘肃等地都有引种。

萨福克羊体格大、鼻梁微隆、头长耳平、颈短粗、胸宽深、肌肉丰满、背腰宽平、四肢粗壮，脸部和四肢均无被毛呈

图 13　夏洛莱羊

黑色，成年羊身躯被毛呈白色。成年公羊体重 110 ～ 150 千克，成年母羊体重 80 ～ 110 千克，屠宰率在 52% 左右。

四、夏洛莱羊

夏洛莱羊原产于法国，耐粗饲、耐干旱、耐潮湿、耐寒冷等各种恶劣的气候条件，目前主要用于育肥羔羊的终端父本。

夏洛莱羊是我国最早引种的品种，目前在东北杂交改良较多，性能表现较好。

夏洛莱羊体型大、无角、被毛细短、胸背圆筒状、脸部呈灰色、头短粗、耳平伸、颈部粗壮、肌肉丰满、瘦肉多、肉质好。成年公羊体重 110 ～ 140 公斤，成年母羊体重 80 ～ 100公斤。

图 14　杜泊羊

五、杜泊羊

杜泊羊原产于南非，有白头杜泊羊和黑头杜泊羊两种类型，杜泊羊生长速度快、耐粗饲、对环境要求不高且容易管理、抗寒耐热、体质好、生病少。杜泊羊羊肉品质好，适合做终端育肥的父本。

杜泊羊公、母均无角，体型呈圆筒状，头呈倒三角形，耳朵长、下垂，身子矮但肌肉丰满，体躯长，背腰平直，臀部宽，肌肉发达，四肢粗壮，身上被毛呈白色。成年公羊体重90～120公斤，成年母羊体重70～95公斤，杜泊羊杂交优势明显，目前多以杜泊羊为父本培育杜湖杂交羊、杜寒杂交羊，用于育肥。

图 15　皮山红羊

第四节　母羊的饲养管理

母羊饲养管理阶段划分为后备育成期、空怀期、怀孕期、怀孕后期及哺乳期，母羊空怀期及怀孕前期对营养需求不大，怀孕后期及哺乳期对营养需求较高，母羊发情间隔一般为17～18天，怀孕期145～150天，怀孕前期可以不补充精饲料，中期可以根据母羊体况适当补充0.5斤精料，后期及哺乳期需要逐渐增加至1千克以上，具体视母羊体况和母羊个体大小酌情增减饲喂。

怀孕后期母羊喜欢安静加之怀有羔羊，饲养密度不宜过大，以2～3平方米一只母羊比较适宜，避免挤压打斗造成流产。

哺乳期母羊需要加强营养，以保障母羊奶水充足，同时应在母羊饮水里适当增加维生素，拌料里喂上一周白头翁散，预防母羊上火及羔羊口疮。

母羊出生至6月龄，生长发育到一定程度，开始表现发情和排卵，此为母羊的发情期，是性成熟的初级阶段，初情期以前，母羊卵巢不发育，母羊不表现性行为，初情期以后，随着首次的发情和卵巢排卵，母羊的生殖系统迅速发育成熟。母羊的初情期与品种、气候、营养等也有密切关系，营养良好的母羊性器官发育快，初情期也会提前，多数母羊在4月龄左右时就接受公羊爬跨，且开始出现早期不正常的周期性发情和排卵。真正的性成熟是指性器官发育完全，并具有繁育能力。通常母羊生长到6月龄以后才能逐渐达到性成熟，但达到性成熟不代表就可以配种，湖羊或寒羊母羊必须体重生长到70斤左右达到体成熟才可以第一次配种，母羊发情时表现为兴奋不安、乱跑、叫唤且主动接受公羊爬跨，外阴充血肿大，阴道黏膜充血发红，阴道流出黏液，初期清亮稀薄，中期发白，后期浑浊呈黏胶状。发情时，卵巢上的卵泡发育成熟，卵泡破裂后，卵子排出。正常母羊排卵1～2枚，多胎品种可能一次排卵1～5枚。正常的母羊发情持续时间为18～30小时，配种要在排卵前几小时进行，在这个时间段受胎率最高，但母羊的排卵时间很难准确判断，一般多根据发情症状变化来判断并完成配种，因这段时间子宫颈口张开，可以在子宫颈内输精。配种遵循"老配早，少配晚"的配种时间，采取早晚2次输精方法，即早上发情的母羊下午输精，次日早上再输一次。晚上发情的母羊，次日早上输精，下午再输一次。如果一个发情期未配上，间隔 14 ～ 18 天后会出现第二个发情期，如此循环。湖羊和寒羊都属于四季发情，可根据生产计划做配种调整，如果只产冬羔，一般安排 9 月配种，次年 2 月产羔。如果只产春羔，一般安排 11 月配种，次年 4 月产羔。对于集约化繁育羊场，要充分挖掘母羊的生产性能，一般可安排一年两产或两年三产。一年两产的母羊，第一次可在 4 月配种，9 月产羔；第二次于 10 月份配种，次年 3 月产羔。两年三产的母羊，第一次可在 5 月配种，10 月产羔；第二次可在次年 1 月配种，6 月产羔；第三次可在第二年 9 月配种，来年 2 月产羔。

母羊配种一般采用自由交配、人工辅助配种、人工授精 3 种。自由交配就是把公羊、母羊按一定比例（正常 1 公 20 ～ 40 母，）混群饲养，公羊随时与发情的母羊交配，这是目前行业里小规模繁育户普遍采用的配种方式，简单易行，且具有较高的受胎率，但也存在很多缺陷，如无法确定母羊预产期，无法控制产羔时间，公羊无休止地多次和母羊配种，不仅

图 16　寒羊母羊

浪费公羊体力还容易造成母羊生殖系统疾病和交叉感染，且公羊利用率低，容易造成近亲繁育，给饲养管理带来不便。人工辅助配种是指把公羊、母羊分群饲养，配种期内用公羊试情，把挑选出来的发情母羊与公羊交配，这种交配可以清楚地记载公羊和母羊编号、交配日期，能够准确预测出分娩期，建立系谱，节省公羊的精力，增加母羊配种的头数，这是目前行业里多数繁育羊场普遍采取的配种方式。人工授精是通过人为的方法将采来的公羊精液输入母羊子宫颈内，使精子和卵子结合受精而产生后代。人工授精能大大提高优良种公羊的利用率，增加配种母羊的数目，减少因公羊直接配种造成的母羊繁殖疾病交叉感染，同时优选出优质种公羊，有利于种群进一步改良，淘汰劣质种公羊也可节省饲喂成本，提高繁育场的效益。

第五节　羔羊的饲养管理

羔羊出生后羊舍要注意保温，15 天内需要诱食补料，同时给予清洁饮水，有条件的可以在 30 日龄断奶前开始适量补充羔羊奶粉，每天 30 克左右，因为母羊后期泌乳量逐渐下降，奶水中干物质含量降低，羔羊随着体重的增加，营养需求量越来越大，如不及时补充营养，就会造成营养不足，同时这也是为实现羔羊 40 天早断奶，避免羔羊应激损伤而采取的方法，还可让母羊早配种，缩短母羊的产羔配种间隔，提高母羊的养殖效益。

正常羔羊断奶时间为 40 ～ 60 天，一般根据各繁育场的饲养管理水平决定，一般推荐 40 天左右即可断奶，断奶体重要达到 25 斤。近几年由于羊苗价格高涨，专业育肥户买的羔羊越来越小，有的羔羊 10 来斤就被买走，实际并不可取，所有的物种都有其自然规律，10 来斤的羊苗也就是出生一周左右，羊苗太小，回去后很容易死亡，因为这种羊苗对饲料营养和环境要求很高，稍有不适，就会生病，比如拉稀、伤寒等，并衍生出其他疾病，也会影响后期长势。有的养殖户通过用抗生素控制疾病，比如在饲料里添加金霉素等，这不可取，因为抗生素对反刍动物的瘤胃损伤很大，既能杀灭有害菌，也能杀灭瘤胃中的微生物，破坏微生物菌群，最终影响反刍动物的消化吸收。所以不建议采购过小的羊苗，推荐采购的育肥羊苗体重最不要低于 25 斤，在 25 ～ 40 斤范围内越大越好。

新采购回来的羊苗，首先要解决的问题是应激，其次是营养。新购的羊苗面临五重应激，即运输应激、环境应激、断奶应激、防疫应激和换料带来的营养应激。建议有条件的下车即防疫，当天控料，饮水里加黄芪多糖和维生素，板青颗粒用水稀释后拌草饲喂，次日早晚各加一两（根据羔羊体重添加）羔羊调理料产品，第三天观察羊群情况，逐渐递增，一周后饲喂到正常采食量，并逐渐递减草，15 天使羊群过渡为可以正常育肥状态，青海羊过渡时间需要加长 1 倍。50 斤以下的羔羊饲料转化率高，可以直接饲喂羔羊保育颗粒饲料，以拉长骨架，保健瘤胃。

图 17　育肥羔羊

第六节　育肥羊的饲养管理

按饲喂阶段划分，50 斤以上的羊称为育肥羊，50 ～ 80 斤为育肥前期，80 斤以后为育肥后期，各地可根据市场及屠宰场的需求，确定养殖体重，一般走新疆都要 120 斤左右的大羊，内地一般都要 100 斤左右的中等羊，如兰州等地要 70 斤左右的小羊，用于做兰州手抓肉。一般根据所需屠宰体重不同确定不同的饲养方案，50 ～ 80 斤可选用育肥饲料产品直接饲喂，80 ～ 100 斤选用育肥后期产品直接饲喂，100 ～ 120 斤选用强化催肥饲料产品饲喂。如果成本条件不允许，也可以在 80 斤以后选用育肥浓缩饲料或预混料自配。

第四章

羊的常见疾病与防治

第一节　母羊的常见疾病与防治

一、繁育母羊的产前或产后瘫痪

　　繁育母羊的产前瘫痪是舍饲母羊常发生的疾病，特别是湖羊母羊更容易发生，以怀孕后期四肢瘫痪、食欲大减、精神沉郁、无法站立为特征，严重时卧地昏睡，多发生于体况过瘦或过肥的妊娠后期母羊，特别是高产母羊，一旦治疗不当，往往造成母子双亡的后果。

　　防治：注意观察，早发现，早治疗，体况过肥、过瘦的母羊一旦发现跛行并且患肢有红肿热痛症状，即可怀疑为本病。治疗方法有：（1）调酸补糖，本病的特征是低糖高酮，并伴随有酸中毒，静脉注射5%碳酸氢钠和5%葡萄糖，提高血糖浓度纠正酸中毒。（2）钙磷同补，静脉注射葡萄糖酸钙和磷酸二氢钠。及时引产，注意护理，特别是多胎母羊一定要及时引产，以免造成母子双亡。

　　母羊怀孕期由于胎儿需要大量营养，特别是高产母羊，双胎或者三胎，营养供给更要充足，既不要过肥，也不要过瘦，七分体况最好，同时注意饲料中添加钙、磷等微量元素，适当搭配母羊精补饲料，使其营养更均衡。多羔高产母羊后期如果采食大量湿拌料加草会撑大瘤胃，使瘤胃容积增大而挤压腹腔，间接挤压子宫，并压迫神经，造成产前瘫痪，所以建议后期饲喂颗粒精补料，不要饲喂湿拌料，以减小母羊瘤胃的容积，缓解子宫压力。

二、布鲁氏菌病

布鲁氏菌病是由布鲁氏菌引起的一类人畜共患慢性传染病，主要侵害生殖系统，感染后，母羊易流产，公羊易发生睾丸炎。羊布鲁氏菌病在繁育母羊饲养中时有发生，所以每年需要进行血清学检测，以净化羊群。本病主要经消化道感染，也可经皮肤、黏膜、配种、蚊蝇叮咬等方式传播，特别是母羊生产期间，饲养员助产务必戴上橡胶手套、口罩、护目镜，避免布鲁氏菌病感染人体。母羊需要根据布鲁氏菌病的临床症状进行诊断，注意和衣原体、弓形虫病、沙门氏菌病等流产性疾病进行区分。

防治：定期检疫，严格消毒，定期预防免疫，发现病羊及时淘汰。

三、乳房炎

乳房炎顾名思义就是产后母羊由于各种原因引起的炎症感染，从而造成乳房发炎病变。患乳房炎时，乳房会表现出红、肿、热、痛等症状，从而无法给羔羊哺乳。引起乳房炎的原因很多，如细菌感染（链球菌、葡萄球菌、化脓杆菌、大肠杆菌、假结核杆菌等），乳房外伤也会引起乳房炎症。

防治：如乳房有红、肿、热、痛等症状，首先应对症治疗，如是因细菌感染引起的，则采取抗菌消炎，全身治疗。用内治加外治的方法，乳房冷敷同时加乳房内灌注抗生素。如由外伤引起的，则用普鲁卡因青霉素分点乳腺注射。

四、绵羊妊娠毒血症

绵羊妊娠毒血症是指妊娠后期怀孕母羊由于碳水化合物和挥发性脂肪酸代谢障碍而发生的表现为低血糖、酮血症、酮尿症、失明、虚弱等症状的一类急性代谢病，多羔母羊最易发病，又称为绵羊双羔病。本病一般与营养不足、营养过度、运动不足等有关。表现为精神萎靡、小便频繁、呼气带有酮甜的氯仿气味并伴随神经症状，强迫走路不能辨别方向，好像瞎眼。解剖肝、肾、肾上腺有脂肪变性等。

防治：加强饲养管理，配种初期不用给精料，配种100日龄以后逐渐增加营养，从1两起步逐渐增加，到后期120天后至分娩前增加精料量，同时补充青绿多汁饲草，有条件的后期可以适当饮喂米汤等，并保证孕羊足量运动。如羊已发病，应立即停止精料，驱赶强迫其运动，饮水中加葡萄糖或白糖（20%），让羊全天饮用，连饮3～5天。对于重症病羊，直接静脉注射葡萄糖加碳酸氢钠。

五、黄曲霉毒素中毒

黄曲霉毒素中毒一般发生在母羊身上，由于长期大量摄入经黄曲霉污染的饲料而蓄积中毒，特别是采食淋雨的玉米、花生秧、黄豆等，这些饲草料发生霉变后，含有大量的黄曲霉毒素，误食后其临床特征就会表现出消化机能紊乱、神经症状和流产，剖检则肝脏肿大、变性、坏死、纤维性病变、硬化等。病羊初期表现为食欲不振、生长缓慢、被毛粗乱、无光泽，后期食欲废绝、眼角膜浑浊、单侧或双侧失明。后期反刍停止、呻吟、磨牙、腹痛，妊娠母羊出现早产或排出死胎。

防治：对采购来的饲草料加强检测，并加强场内饲草料的管理，避免淋雨、受潮、霉变。坚决杜绝饲喂霉变的饲草料，配制饲料日粮时，适当加入脱霉剂或霉菌吸附剂。对已发病的羊群，立即停止饲喂霉变饲料，直接饲喂青绿多汁饲草加高蛋白精料，停喂玉米等能量饲料，及时投喂人工盐等，针对严重病羊，可静脉注射葡萄糖、VC、强心剂等。

六、羊的流产衣原体病

所谓羊的流产衣原体病是指由衣原体引起的人畜共患病，可引起羊的流产、死胎、产弱羔。衣原体寄生于羊的生殖道内，多发病于产前 1 个月，病羊表现为流产、产死胎、产弱羔，流产羊的胎膜水肿、子叶出血、坏死等。

防治：加强羊场消毒，羊群驱虫，减少蚊、蝇、蜱、螨叮咬，及时淘汰患病和带菌的动物体，对发病动物肌注青霉素。

第二节　羔羊的常见疾病及防治

一、羊口疮

羊口疮又称为羊传染性脓疱，是由羊口疮病毒感染引起的一种接触性传染病，以口、唇、舌、鼻、乳房等部位形成丘疹、水疱、脓疱及结成疣状结痂为特征。羊烂嘴不代表就是羊口疮，羊烂嘴的原因很多，如口蹄疫、口疮、羊痘等都会引起羊烂嘴。

防治：羊口疮多发生于 3 ～ 6 月龄的羔羊，呈群发性，可以接种弱毒苗预防，发病羔羊可以用病毒唑加地塞米松按 2 : 1 的比例混合肌注，每只羔羊 2 毫升，局部用碘甘油涂抹。羔羊烂嘴多是由于羔羊上火所致，可以给母羊拌蒲公英散，饮水里拌黄芪多糖，烂嘴处涂抹紫药水或碘甘油，2 ～ 3 天后结痂即好。

二、羊肠毒血症

羊肠毒血症是由 D 型魏氏梭菌在羊肠道中大量繁殖产生毒素所引起的一种绵羊的急性毒血症，主要临床症状有腹泻、惊厥、麻痹、无症状突然死亡，病理解剖的典型症状为肾表面充血肿胀，真胃和十二指肠黏膜急性出血，肾质脆如渣又称为软肾病。本病以羔羊多发，2020 年夏初，张掖等地出现的羔羊大面积无症状突然死亡，经现场诊断同时配合实验室检测，多是该病造成的。本病的发生多是由于细菌感染引发，同时也与养殖户大量饲喂高蛋白精料有关。

防治：加强饲养管理，减少精饲料用量，外购羊务必做好"三联四防"疫苗，出现疾病后，对未发病的羊立即接种疫苗紧急预防，同时将羊群挪圈，全面消毒，对发病羊肌注免疫血清或磺胺类药。

三、羔羊痢疾

羔羊痢疾是初生羔羊的一种常见急性传染病，表现为羔羊急性剧烈腹泻。解剖以小肠发生溃疡为特征，主要是由 B 型产气荚膜梭菌引起的。多引起 7 日龄内的羔羊发病，冬季容易发病，圈舍潮湿、寒冷、弱羔、哺乳不均都可以诱发本病。羔羊发病后眼无神、背弓、粪便呈水样黄白痢、恶臭，后期粪便带血，卧地不起，衰竭而死。解剖真胃黏膜出血，并伴随小肠出血（又称红肠子病），有败血性病变。

防治：加强母羊饲养管理，产前、产后用中药给母羊适当调理，提高产房圈舍温度，保障羔羊及时吃到初乳，产前 2 周给母羊接种六联苗，也可对出生羔羊 12 小时内口服庆大霉素。对发病羔羊可用高免血清肌肉注射。

四、白肌病

白肌病主要发生于 5 周龄以下的羔羊，其心肌和骨骼肌发生变性，走路步态僵硬，又称为僵羔，发病后死亡率可达 50%，该病的发生主要是 VE 和硒缺乏，造成羔羊营养不良，病初精神沉郁、食欲减少、不愿行走、卧地不起、颈部僵直偏向一侧。解剖的典型症状是后肢肌内有灰白色条纹存在，尿中含有大量肌酸。

防治：一般对 20 日龄的羔羊用 0.2% 亚硒酸钠皮下注射预防，间隔 20 天后再次注射，注射剂量首次 1 毫升，第二次 1.5 毫升。也可以给产前母羊皮下注射亚硒酸钠用于预防。对于发病初期的羔羊，给予含磷酸钙高的饲草，如燕麦、大麦，也可以直接在草料里加菜籽油。对于重病的羔羊可进行皮下注射 VE10 ～ 15 毫克，每天一次，连续应用至痊愈。

五、佝偻病

佝偻病一般指羔羊 VD 合成不足，钙、磷代谢障碍所致的骨骼变形性疾病。病羊初期表现生长缓慢、呆滞、步态摇摆、关节肿大、骨骼变形、弓背、食欲废绝，重症者卧地不起。该病主要由于维生素摄入不足或是光照时间不够造成 VD 合成不足引起的，也有可能是怀孕母羊饲料中钙、磷比例不当或是羔羊消化不良等原因引起的。

防治：提高怀孕母羊的后期营养摄入量，增加羔羊的光照时间，对发病羔羊用 VD 加维丁胶性钙肌肉注射，同时用鱼肝油灌服。

六、羔羊软瘫

羔羊软瘫指正常羔羊出现四肢无力，站立障碍等疾病现

象，造成羔羊软瘫的原因很多，例如肠道感染、硒元素缺乏、钙磷障碍、乳酸蓄积等多种因素。

防治：本病预防一般给出生羔羊灌服庆大或土霉素类抗生素。

临床针对发病羔羊：（1）庆大或土霉素片碾碎温水稀释灌服。（2）大黄苏打片碾碎温水稀释灌服。（3）乳酶生片或妈咪爱灌服。（4）葡萄糖酸钙口服液灌服。（5）肌注亚硒酸钠维生素 E 和胶丁钙。

第三节　育肥羊的常见疾病及防治

一、羊结石

羊结石分为肾结石、膀胱结石、尿道结石，结石形成的原因很多，如饮水不足、代谢障碍、肾病、饲料中磷酸盐含量过高、蛋白类精饲料量过大、维生素缺乏等，治疗时应先判别结石的原因，再根据原因对症治疗。

肾结石病羊多表现为肾炎症状，即肾区疼痛、弓背、血尿、排尿紧张、强拘、不敢走动。

膀胱结石的病羊表现为剧烈疼痛、怒则无尿、腹部肿胀，如治疗不及时容易造成膀胱破裂而死羊。

尿道结石病羊早期排尿淋漓，排尿时间延长，排尿疼痛，常呈排尿姿势，尿排不出来，则痛叫，外部触诊尿道可发现结石。

1. 羊结石的治疗

对于早期尿道结石的羊可以挤压，掐断阴茎头，排出结

石，并给予注射阿托品、鱼腥草、青霉素等使羊恢复。

对于肾结石和膀胱结石可肌注消炎药和利尿药，观察是否好转。如无好转现象，建议及早淘汰。

2. 羊结石的预防

（1）改善自配料配方，降低玉米、麸皮类原料的添加量，同时注意矿物质的搭配，羊早期可以直接选用全混颗粒饲料，营养均衡。

（2）改善水质，降低水质中的碱含量，注意饮水清洁，保证供应充足的饮水，特别是北方，冬季严寒结冰，水槽冻住了，羊便喝不到水，容易出现饮水不足，加之大量饲喂精饲料，易造成代谢障碍，形成结石。

（3）定期饲喂降解尿酸盐，预防尿结石的产品，让其舔食，可有效预防羊结石，最好是中药制剂。尽可能不要用氯化铵类化学制剂，因其对瘤胃有损伤，长期使用会造成消化不良，吸收障碍，使羊偏瘦，毛色不好。

二、急性瘤胃臌气

所谓羊的急性瘤胃臌气，主要是因为羊采食了大量容易发酵的饲草料，如采食大量紫花苜蓿或其他豆科类牧草，或是误采食大量高蛋白类精料引发的瘤胃积食，并在瘤胃内快速发酵，产生大量泡沫和气体，造成瘤胃左坎部高高隆起、臌胀，使羊身体似水桶状。初期病羊表现不安，回头望向下腹部，弓背伸腰，反刍停止，叩诊呈鼓音，听诊瘤胃蠕动音减弱或停止。

防治：加强饲养管理，减少羊误食蛋白饲料的可能，严禁在苜蓿地或其他豆科类草地放牧，避免采食过量青嫩紫花苜蓿而造成瘤胃臌气损伤。治疗原则为对症治疗，如遇紧急情况，可用瘤胃放气针在羊左坎部瘤胃穿刺以缓慢放气，避免快速放气，使渗透压失衡，造成羊猝死。如非紧急情况，也可用胃导管从羊嘴里插入进行放气，同时灌入 5% 碳酸氢钠溶液 1 000 毫升给病羊洗胃，以便排出气体和中和酸败的胃内容物。对于轻度的瘤胃臌气，可用石蜡油 100 毫升加 5 克鱼石脂再加 10 毫升酒精加水混合，一次灌服。若农村地区实在没

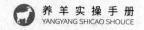
有药品，可以直接用菜籽油 300 ～ 500 毫升灌服或食盐 30 克加 300 毫升水，一次灌服。

三、瘤胃酸中毒

瘤胃酸中毒是指羊采食过多精料或长期饲喂青储饲料引起的瘤胃内乳酸增多而引发的全身性酸中毒。发病原因主要是饲养管理不当，羊异常采食。本病发病急，表现为精神沉郁、腹胀、呼吸急促、反刍停止，静脉采血，血色呈酱油色，排少量稀粪，粪中带有黏膜和血丝，少尿或无尿。

防治：加强饲养管理，控制精料采食，青储饲料饲喂要控制酸度，长时间饲喂青储饲料要添加小苏打。对发病羊灌服氢氧化钙溶液（生石灰加水，取上清液），静脉注射糖盐水 1 000 毫升加小苏打水 500 毫升加青霉素，对重症有呼吸急促和休克的羊加注甘露醇 200 毫升。

四、小反刍兽疫

所谓小反刍兽疫就是原来大家所说的羊瘟，是由小反刍
兽疫病毒引起的一种羊的急性传染病。主要症状为高热、眼鼻
有大量分泌物、腹泻、烂嘴、血便、伴有肺炎症状及腹式呼
吸，解剖可以看到皱胃出血、肠道糜烂性出血、盲肠和结肠
结合处呈特征性线状出血似斑马样条纹，淋巴结肿大，脾有
坏死性病变。

防治：本病为烈性传染病，不建议治疗，发病直接淘汰，
如轻微症状或发病初期可用磺胺类或抗生素类对症治疗，发病
圈舍加强消毒，可用火碱消毒，对本病的预防可采取弱毒苗
免疫接种，接种剂量按一头份使用就可以取得很好的效果，
不要需额外加量。

五、口蹄疫

口蹄疫是由口蹄疫病毒引起的一种急性、热性、传染性极强的人畜共患病。表现为口腔、蹄珈、乳房皮肤等产生水泡和溃烂、病羊精神不佳、不愿走动、嘴角流涎。剖检瘤胃黏膜有溃烂斑、胃肠均有出血性炎症、心肌切面上有灰白条纹如同虎皮状，又称"虎斑心"，这是口蹄疫的典型示病症状。本病发病急、流行快、传播广、传染性强、死亡率低。但对羊群危害大，得病羊群不食、消瘦、精神萎靡、出现体重负增长，大约1个月才能恢复，整个得病期间饲料几乎白喂，个别羊还会死亡，且属于人畜共患病，经济损失极大。

防治：发现本病应迅速报告疫情，封锁扑杀，全场紧急消毒。本病主要靠疫苗免疫，平时加强灭鼠、灭虫、消毒、及时清理粪便和保持圈舍干燥。

六、羊流感

羊流感一般是指由于气温骤降，羊群受寒而引起的，表现为咳嗽、流泪、流鼻涕、发热等症状的一类急性热性全身性疾病。本病多是由于受寒使机体免疫力下降引起的，长途运输，路上受冻也会引起，且较为普遍，初期病羊精神萎靡、食欲减退、体温升高、耳尖发凉、流鼻涕、眼结膜发红，伴有呼吸急促、支气管炎等症状。

防治：加强饲养管理，避免因气温忽冷忽热而造成羊群受寒，加强圈舍保温。对发病羊群多给予饮水，让羊群休息，饮水里适当加黄芪多糖，拌草里加板青颗粒，减少精料量，同时配合健胃，调理胃肠功能，对个别发病羊对症治疗，如有发热病羊可肌注氨基比林加青霉素，对长途运输回来的羊，切忌回来后直接饲喂，要休息2小时以上，将柔软的青绿干草加板青颗粒混匀后适当饲喂羔羊，用温水加黄芪多糖给羊适当饮水，待休整12小时后，再逐渐加饲，调理1周。

七、蜱、螨体外寄生虫病

蜱主要指羊虱子、草瘪子等一类绿豆粒大小、红褐色虫体，以吸食动物血，寄生于动物体表的寄生虫。吸血后膨胀如蓖麻子大小，由于大量吸血，可造成动物贫血、消瘦，叮咬部位出现肿胀，并引发炎症，同时蜱还是很多细菌和病毒的中间宿主，可造成动物继发感染其他类疾病，对动物体危害极大。螨主要指疥螨科和痒螨科的虫体，如疥虫等寄生于羊的表皮而引起的一种慢性皮肤病又称为疥癣。疥螨多寄生于羊的头部被毛短而稀少的部位。痒螨多寄生于动物体表，毛长且稠密之处。疥螨和痒螨都会引起皮肤炎症，使羊奇痒，皮肤产生结痂、斑秃病变。

防治：加强环境卫生管理，勤消毒，勤杀虫，若发现羊有蜱、螨等体表寄生虫，皮下注射伊维菌素，体表进行药浴，圈舍用溴氰菊酯喷雾杀虫。对患皮炎的病羊，可用双甲脒涂抹。

第四节　羊的常见疾病诊断

羊的常见疫病诊断见表1。

表1　羊常见疾病症状诊断表

病　名	羊急性死亡	腹泻	流涎	呼吸困难	流鼻液	咳嗽	兴奋或狂躁	高热	麻痹/瘫痪	痉挛或震颤	倒地昏迷	视力障碍	牙关紧闭	跛行	共济失调	皱胃胀	关节肿胀	口腔糜烂	皮肤发黑	瘤胃粘膜糜烂	肾肿大变软质脆	心包积液	消瘦	死胎与弱羔	流产	肠道出血	排尿异常	眼睛异常	局部肿胀
疾病																													
小反刍兽疫		*	*	*	*	*		*										*		*								*	
口蹄疫	*		*											*				*					*	*		*		*	*
羊快疫	*	*		*						*	*		*			*								*					
羊肠毒血症	*		*							*	*						*				*	*		*					
羊猝狙	*		*	*			*			*	*						*	*						*					
羊黑疫	*		*	*	*						*											*		*					
羔羊痢疾	*	*								*	*	*												*					
链球菌病	*		*	*	*		*	*						*		*	*											*	*
羔羊大肠杆菌病	*	*		*	*						*					*	*							*					
羊沙门氏菌病	*		*						*	*									*					*	*				
瘤胃酸中毒	*		*	*						*	*		*			*								*					
黄曲霉素中毒		*									*	*			*							*	*	*		*			
羊坏死杆菌病		*	*	*	*	*												*						*					*
羊布鲁氏菌病																	*		*				*	*	*				
羊恶性水肿	*	*						*														*		*					*
羊破伤风	*	*	*						*		*		*				*												
羊结核杆菌病			*		*	*																	*		*				
羊副结核病		*																					*		*				*
羊李氏杆菌病			*							*	*	*	*	*										*	*				
羊衣原体病		*			*											*		*						*	*		*	*	

第五节　羊的免疫防疫

羊的免疫防疫见表 2 和表 3。

表 2　繁育羊场免疫防疫表

使用时间	使用方法	免疫期
母羊产前 20~30（第一次），间隔 10 天（第二次）分别接种羔羊痢疾苗	先皮下注射 2 毫升，隔 10 天再皮下注射 3 毫升	5 个月
羔羊 15 日龄接种小反刍兽疫弱毒苗	皮下注射 1 毫升	1 年
9 月（羔羊 3.5 月，公、母羊配种前 1 周，母羊产后 1 月）接种 2 号炭疽芽孢，14 天产生免疫力	无论大小皮下注射 1 毫升	1 年
9 月接种羊三联四防苗，14 天后产生免疫力	成年羊和羔羊均皮下注射 1 头份	6 个月
9 月（羔羊 3 月龄）接种羊黑疫菌苗	6 月龄以下每只 1 毫升，6 大龄以上每只 3 毫升	1 年
9 月（羔羊 7 日龄）羊口疮弱毒细胞冻干苗	大小均口腔黏膜注射 0.2 毫升	6 个月
9~10 月羔羊大肠杆菌灭活疫苗，14 天后产生免疫力	3 月龄以上注射 2 毫升，3 月龄以下注射 1 毫升	5 个月
9~10 月（羔羊 4 月龄，公、母羊配种前 1 周和母羊产后 1.5 月）接种链球菌氢氧化铝疫苗	背部皮下注射，6 月龄以下 3 毫升，6 月龄以上 5 毫升	6 个月

续表

使用时间	使用方法	免疫期
羔羊 15 日龄后接种羊小反刍兽疫弱毒苗	皮下注射 1 毫升	1 年

表 3　外购羊免疫防疫表

外购羊免疫时间	使用方法	免疫期
羊苗到当日注射三联四防（根据羊大小和体况，要求 30 斤以上，反之可以先免疫小反刍和口蹄疫）	皮下注射	6 个月
羊苗到 1 周后注射小反刍兽疫弱毒苗和口蹄疫苗	皮下注射	6 个月
羊苗到 2 天后注射羊痘疫苗（注射三天后全圈消毒）	皮下注射	6 个月
羊苗到后建议直接使用瘤胃调理保健产品	调理运输应激、驱虫、减缓免疫应激	使用 15 天

第六节 寄生虫病的防治和用药

寄生虫病在羊疾病中危害极大，最常见的寄生虫有片形吸虫、前后盘吸虫、阔盘吸虫、绦虫、细颈囊尾蚴、脑多头蚴、消化道线虫、鞭虫、蝇、螨、蜱、球虫、血液寄生虫等。寄生虫几乎可寄生在羊全身的各个系统和组织中。

虫体寄生在消化系统（胃、肠、肝、胰）中，宿主出现消化不良、肠炎、拉稀、便血、消瘦、贫血等症状，如线虫、绦虫、吸虫等。

虫体寄生在呼吸系统（鼻腔、气管、肺）中，宿主出现呼吸困难、咳嗽、流鼻液、肺炎、体温升高等症状，如羊鼻蝇蛆、肺线虫等。

虫体寄生在神经系统（脑、脊髓）中，宿主出现沉郁、转圈运动、倒地划泳、瘫痪等症状，如羊的脑包虫病、鼻蝇蛆病。

虫体寄生在血液中，宿主出现体温升高、黄疸、贫血、精神沉郁、厌食等症状，如泰勒虫病等。

虫体寄生在体表，宿主出现骚痒不安、踢咬患部、皮肤发红、破损、增厚、掉毛等症状。如羊的疥螨病、蜱病等。

一、常用的驱虫药

（一）大环内酯类

单纯的伊维菌素、阿维菌素对体内部分线虫和皮肤内寄生的节肢寄生虫（疥螨）驱虫效果好。其缺点是：

（1）对鞭虫等驱杀效果较差；

（2）对幼虫的效果较差；

（3）对绦虫和吸虫无效；

（4）对虫卵没有驱杀和抑制孵化的作用。

（二）苯并咪唑类

芬苯达唑、阿苯达唑、丙硫苯咪唑等对体内蛔虫、鞭虫、吸虫及移行期幼虫、绦虫等驱虫效果良好，对虫卵有极强的抑

制孵化或杀灭作用。其缺点是：

（1）对疥螨无效；

（2）添加量不足，效果不理想；

（3）超量添加会导致母畜流产、死胎、产仔率降低等。

（三）有机磷酸酯类

养殖场用作驱虫的低毒有机磷化合物敌百虫对多数消化道线虫和部分吸虫有效，也可杀灭体外寄生虫，一般用于体外喷洒。其缺点是：

（1）体外喷洒时由于耳廓内、肩胛内侧、腹部及大腿内侧等部位不容易喷洒到，会导致治疗不彻底；

（2）敌百虫的治疗剂量与中毒剂量非常接近，稍有大意，就会因剂量过大导致母畜流产，甚至死亡；

（3）敌百虫遇碱可分解出毒性超强的敌敌畏。

二、羊的驱虫步骤

　　首先，皮下注射复合伊维菌素（2% 伊维菌素 +0.5% 吡喹酮 +0.5% 氯氰碘柳胺钠）皮下注射，每 20 公斤体重用 1 毫升。其次，一周后饮水，拌料中加入莫西虫净，每 5 000 斤体重用 1 包，连用 3 ～ 5 天。最后针对个别弱羊或下颌水肿的灌服吡喹酮片，每 10 公斤体重用 1 片。

第五章

常用饲草

图 18　三茬苜蓿草

第一节　苜蓿草

　　紫花苜蓿被称为牧草之王，饲用牧草用得最多的也是紫花苜蓿，此草一年收割 3 ～ 4 茬，每茬生长周期平均 38 天，以头茬质量最好，四茬次之，二茬、三茬蛋白略低，关键在于收割时机的把握，操作不好，同样是苜蓿，质量上失之毫厘，差之千里。

　　金昌地区苜蓿头茬蛋白为 18 ～ 20，二茬、三茬在 13 ～ 15 之间，四茬为 17 ～ 19 左右，苜蓿的营养价值对羊来说非常好，蛋白可利用率很高，可以降低豆粕等蛋白原料的使用量，同时苜蓿还是优质的纤维，低木质素，宜于羊的消化和利用，特别是在母羊身上使用，可以明显提高母羊的产奶量，在公羊身上使用，可以减少尿结石的发生率。

　　苜蓿草干草给羊使用时，粉碎后的水分和灰分都控制在 10 以下最好，当年的新草，一般蛋白为 15 ～ 17，跨年草的蛋白为 13 ～ 15，所以不建议跨年过多储存，最好每年用多少存储多少。

图 19　燕麦草

第二节　燕麦草

　　燕麦属于一年生禾本科早熟植物，分为有壳燕麦和无壳燕麦 2 种，饲草用的一般为有壳燕麦即皮燕麦，搭配豆科苜蓿使用效果更佳，特别是对哺乳期母羊，搭配使用后母羊消化吸收率更高，母羊的哺乳性能更好，可降低精饲料的饲喂量，母养怀孕后期使用，可有效降低产前瘫痪发生率，提高羔羊出生成活率。燕麦干草适口性更好，略甜，蛋白在 14 左右，粉碎后储存水分控制在 12 以内。

图 20　玉米秸秆

第三节　玉米秸秆

玉米秸秆为当下养殖最为常用的粗纤维饲料，也是养殖场的主粮饲草，分为青储和干储2种，青储一般用于牛场，因需求量大，只能青储解决饲草的储存问题，长期使用青储易发生慢性瘤胃酸中毒，使牛、羊处于亚健康状态，且影响牛、羊肉的品质，特别是育肥公羊不建议使用青储，因其易造成瘤胃代谢紊乱和产生尿结石，建议青储时搭配1/4的小麦秸秆，以缓解青储草酸度过高造成的瘤胃酸中毒现象。

"干储"顾名思义就是把玉米秸秆自然晾干后打成草捆储存使用，玉米秸秆的粗蛋白在4左右，粗纤维为30～33，主要利用其纤维的瘤胃填充和微生物菌群的培养价值，干玉米秸秆的水分和灰分控制在10以下储存最佳。母羊使用量可以自由采食，适当搭配苜蓿或燕麦，育肥羊每天早晚使用1～2两即可。

图 21　小麦秸秆

第四节　小麦秸秆

　　小麦秸秆就是小麦收割后，小麦的茎等附属物，晾晒后储存使用，小麦秸秆 ph 略呈碱性，适合调节瘤胃酸度，特别是长期饲喂青储的牛、羊，适当搭配小麦秸秆，有利于牛的瘤胃健康。

　　小麦秸秆和玉米秸秆同属于粗纤维原料，供反刍动物瘤胃填充使用，小麦秸秆的粗纤维为 28 ～ 30，粗蛋白为 3 ～ 3.2，羔羊或成羊使用较好，纤维利用率优于玉米秸秆。

第六章

肉羊养殖环境

第一节　羊粪的处理

一个 2 000 只羊的羊场一天产生的粪污差不多为 1 吨，一个月下来有 30 吨，大量的粪污怎样合理化利用使利益最大化呢？下面咱们一起来探究。

羊粪是一种非常好的肥料，有机质多、肥效反应快，适用于各种土壤改良，特别适于大棚蔬菜施肥。羊粪收集方法不同，采取的处理措施也不尽相同，目前很多繁育场普遍采用漏粪地板漏粪，用刮板聚堆后再拉到固定的地方堆放。很多育肥场为节约成本，普遍采用出一批羊清一次粪的模式，用铲车清理后直接销售给周边的种植户用作庄稼肥料。虽然方式各不相同，但都是合理地把粪污处理掉了。

笔者建议羊场设计时，配套设计粪污处理车间，以避免因下雨时粪污污染羊场环境，处理羊粪最简单的方法就是堆积发酵，且不需要投入太多资金和人力。同时，利用堆积发酵可以有效杀死粪便中的微生物、细菌、寄生虫及虫卵，提高羊粪的肥效。发酵好的有机肥无害化程度高，可以改良土壤，利于吸收和增强肥效，促进土壤提高生物活性，增强土壤的保水供水能力和对酸、碱土地的缓冲作用，减少土壤的酸碱危害，有利于防治土壤退化和沙化。

生产有机肥的操作方法：将发酵剂混入羊粪，堆积发酵，按比例掺入调整水分的物料，翻堆通气，发酵成功后，肥料呈黑褐色，既可装袋销售，也可烘干后适当混合尿素和碳酸氢铵做成复合肥颗粒再装袋销售。

第二节　病死羊的处理

养羊场出现病死羊是无法避免的，怎样处理病死羊，对羊场羊群的健康至关重要，因为病死羊的尸体是细菌、病毒的重要传染源，只有及时把病死羊进行无害化处理，才能保障其他羊不受感染，保障羊群健康，防止疾病传播。

一、焚烧

焚烧是杀死传染性病菌最可靠的方法，如当地政府有焚烧炉可以集中处理的，可以交给集中处理点焚烧。若没有，也可以考虑自己购置焚烧炉，及时处理病死羊，但务必保障焚烧时符合环保部门的要求，不要污染空气。

二、掩埋

对于不具备焚烧条件的养羊场，在环境法允许的条件下，

可挖深沟铺上生石灰，投放上病死羊，再用生石灰掩盖，然后深埋。

综上所述，病死羊的处理至关重要，处理不好，不仅会造成疾病的爆发和流行，给羊场带来巨大的经济损失，还会造成环境污染。因此，出现病死羊时务必及时妥善地进行无害化处理，避免造成不必要的经济损失。

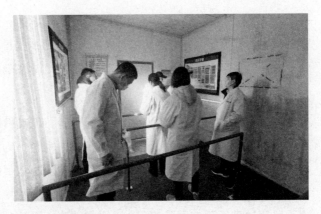

图 22　入场消毒

第三节　肉羊场的常规消毒及消毒剂的选择

肉羊场养殖成功与否，防疫消毒是至关重要的一环，常用的消毒方式很多，针对的消毒对象不同，采取的消毒方式也不尽相同。生产中常用的消毒方式有喷雾消毒、熏蒸消毒、抛撒消毒、紫外线消毒等。

喷雾消毒主要针对圈舍、道路、车辆等，用有机碘化合物、过氧乙酸、新洁尔灭等消毒剂按比例兑水稀释，而后对羊舍、道路等环境进行喷雾，以达到杀灭病毒和细菌的目的。熏蒸消毒主要针对密闭圈舍及圈舍内的用具和物品，用甲醛等熏蒸，从而达到杀死病原菌的目的。抛撒消毒主要针对圈舍周围、羊场入口、圈舍内的地面等用生石灰或火碱等固体消毒粉，贴地面抛撒，以达到消灭病原菌的目的。紫外线消毒主要针对羊场人员入口消毒室，其中吊挂紫外线灯，用紫外线照射外来人员，以达到杀灭病原菌的目的。

选择消毒剂的首要原则是对人畜无害，其次才是根据消毒需要搭配合理的消毒剂，具体如下：75% 的酒精用于入场人员喷雾消毒，5% 的来苏尔用于料槽、水槽等用具的清洗消毒，2% 的火碱用于发病场地消毒，20% 的石灰乳用于羊舍墙壁、地面消毒，0.5% 的过氧乙酸用于栏舍、用具、车辆等喷雾消毒，也可用双链季铵酸盐类消毒药，如百毒杀等进行全场消毒。

附　录

作者文章选录

图 23　查看新进羔羊采食

第一节　提高养羊效益的技巧——上羊

　　买羊苗是养羊过程中非常重要的一环，有时走访市场，客户会提出购羊苗到底是全进全出合适，还是分批上羊合适的问题，实际在笔者看来各有利弊，但对于散户来说，还是建议分批上羊更为合理，具体原因下面详细说明。

　　假如养殖规模为 1 000 只育肥羊，建议每批上羊 330 只，间隔 15 天，分三批上羊，如 1 号、15 号、30 号，一个月内上齐，如果养殖 2 000 只羊，则依此类推。

　　该方法的好处有：

　　首先，现在羊苗价格高，夫妻式养羊，可以腾出更多的精力照顾羊苗，降低每批羊过度期间造成的死亡率，很多时候买回来的羔羊是因为照顾不周、责任心不足造成的不必要死亡。

　　前几天去一个羊场，告知老板，抓回来的 20 斤的羔羊还在哺乳期，需要补充点奶粉过度，最好用饮奶器分顿饲喂。老板却说，我每天忙得觉都睡不好哪里还能顾上。由此看出，大家把方向搞反了，养的羊多不一定赚钱，少而精不一定不赚

图 24　哺乳母羊

图 25　损伤羔羊

钱，我们要的是利润而不是数量。

其次，分批上羊可以有效预防单批次疾病，避免全群出现大的疫情，有效控制进羊的疫情风险。特别是大家外出购羊苗，会有很多疾病带入，分批购进，给自己留有足够空间，万一有问题，损失也会最小化。

再次，分批上羊，就会分批卖羊，避免上千只羊集中出栏，人的精力不够，照顾不过来，同时分批卖羊也可以把上批拉剩下的弱羊放到下批继续饲喂，跟下批羊再出，以降低损失，提高利润。还有就是，育肥羊不像猪，集中出栏不愁卖，真是行情淡季，成千上万只羊同时出栏，不一定短时间内能完全出掉，还容易被压价，加之后期养到一定体重必须出栏，不出栏的话，只吃不长，还会掉膘，反而会造成更大损失。

最后，分批出栏还可以缓解资金压力，建议大家养羊，尽可能用大羊养小羊，用前羊养后羊，是盘活资金，解决资金压力的有效方法。

夕阳无限好，只是近黄昏！

图 26　育肥后期羊

图 27　结冰的红崖山水库

　　希望羊价能尽快抬头，这一段是羊肉消耗的黄金期，下一步羊价应该会略有抬头，大家也不要过于压栏，也不要过于恐慌卖羊，一切随行就市，羊价现在也算是低谷了。

第二节　青海羊的疫苗使用

在给大家讲了青海羊的饲养管理之后，有养殖户留言，说自己抓回去的青海羊很难养，死亡率很高，超过了 10%，抓了 1 000 只青海羊，死了 100 多只。了解情况后才知道缘由，这种情况下，不单是青海羊会出现死亡，从藏区抓回去的寒羊也会出现死亡，下面将其原因分享给大家，以避免造成不必要的损失。

从我走访市场了解，青海、甘肃、内蒙等地牧区的农户很少接种三联四防苗，一般只接种小反刍和羊痘等苗，咱们内地养户抓回去育肥，一般回家后第一时间接种小反刍苗，后接种三联四防苗，由于远程运输，应激大，发病率高，建议先接种三联四防苗，特别是青海羊，更应该先接种三联四防苗，因为三联四防主要防羊快疫、肠毒血症、羔羊痢疾、猝疽等病种，这些病引起的羔羊死亡率最高，大大超过了小反刍引起的死亡率。近期很大一批青海羊死亡都与羊快疫有关，表现症状为：发病急，死亡快，并伴有神经症状，有拉稀和腹胀现象。

羊快疫发病时的典型症状是打开瘤胃，绒毛非常容易撕下，甚至脱落。此外还有腹水现象，瘤胃打开后有臭味。

　　大家销售饲料时，遇到从牧区买回的青海羊，务必提醒养户，先接种三联四防苗，同时初期加料务必配合使用羊三健类调理产品，且要缓慢加精料，过渡期 15 ～ 20 天，也可以延长至 1 个月左右，保障羊只健康，"磨刀不误砍柴工"，羊调理好后，前期不出现伤亡，后期就很好饲养，且饲料转化率高、增重快。

图 28　腹泻羔羊

图 29　瘤胃黏膜脱落

第三节　欧拉羊的饲养

近几日走访牧民，很多养殖户问我欧拉羊应该怎样饲喂，应该选用山羊饲料还是绵羊饲料，是否可以大量饲喂精料，下面进行阐述。

欧拉羊在青海称为黄脖羊，在甘肃称为跳跳羊，在内地因其有角，又称为假山羊，实际属于藏系绵羊，是绵羊的一种，因其体型大、肉质好、膻味小、生长迅速而被广泛饲养。特别是近年，欧拉羊作为父本与寒羊母本进行杂交繁育，产出的杂交羔羊，因其饲料转化率高，长得快，更是抢手，甚至供不应求。

欧寒杂交羊，生长迅速，属于大体型羊，需要足够的营养支撑，单纯自配料加玉米很难满足其生长的需要，同时不易被吸收，且欧拉羊因其肠子细，还很容易被撑到，造成肚胀而引起死亡。

建议大家配合饲喂熟化颗粒绵羊料，以便于肠道吸收，50 斤以下使用绵羊羔羊保育料，50 斤以后使用绵羊育肥料。

图 30　欧拉羊

图 31　欧寒母羊

图 32　欧拉育肥羊

同时搭配健胃产品，连用一周，可以达到保健瘤胃和肠道功能，促进饲料吸收的目的。如此饲喂可以使欧拉羊日增重6～7两，疾病少，出栏快。

第四节　关于抗生素类"神药"
——一个专业兽医的忠告

这几天连续走访养羊户和养殖场，看到很多客户在使用多种所谓的"神药"，心情十分沉重，就像几年前的猪场，到处是大吃大长、日长3斤、能吃能睡等，造成了很多猪场猪生病无药可治，个别老板因为滥用违禁激素类产品还进了监狱。今天的养羊行业很像当年的养猪行业，为了短期利益而被厂家忽悠。抗生素及添加剂的滥用，只会受益一时，短期看羔羊健康，增重迅速，可以多卖钱。长期看，对后期成羊生长影响很大，一旦这类从小就饲喂添加剂和抗生素的羔羊生病，死亡率在70%以上，因为长期大量的抗生素药残会令细菌变异，产生抗药性，再使用抗生素几乎无效，对羊场来说是毁灭性的，最终会令羊场全军覆没。所以笔者肯请大家，尽可能不要滥用添加剂和抗生素，以免害人害己。

特别是抗生素的添加，药残随粪便污染圈舍，使细菌产生耐药性，回过头来再感染羊发病，死伤率非常高，建议大家尽可能靠营养调节羔羊的健康和生长，不要依靠添加剂和所谓的"神药"。

图 33　未断奶的羊

图 34　小保育羊

　　同时提醒广大抓羔羊育肥的养殖户，抓羊苗时不要抓早期用金霉素和添加剂类的羔羊，后期很难饲养，死亡率高。应抓那种架子大，膘情一般，没有早期催肥的羊，这样的羊苗好养，成活率高，长得快，瘤胃功能健全，因为其瘤胃微生物菌群生态体系没有被金霉素和添加剂破坏。

第五节　羔羊阶段饲养误区

　　今天走访了几个羊场，发现普遍存在养羊误区，因为羊苗价高，羊场过早地追求羔羊育肥，实际上羔羊饲养有其生理规律，不可拔苗助长，保育阶段尤为重要，很多羊场没有保育的概念。

　　图 37 是某养殖场用某企业颗粒料喂的羔羊，二三十斤的羔羊还处于骨骼和瘤胃发育初期，由于过早地摄入高能量，看着羊羔是长了，日增重号称 6 两，但实际却破坏了羔羊的发育，成就了羔羊"小胖子"和羔羊"大肚子"，严重影响了未来羔羊的后期成长。这类羔羊后期饲喂，会出现发病率高、饲料转化率低、骨架拉不起来、长不大、长不重的现象。

　　下面推荐一个饲养方案：

　　（1）0～50 日龄，属于羔羊哺乳期，断奶重 30 斤左右。30 斤以下的羔羊适用羔羊开口料。如果外购育肥 30 斤以下的羔羊务必要用羔羊奶粉 1 周，因 30 斤以下的羔羊处于未断奶期，直接饲喂精饲料肠道应激大。

　　（2）30～50 斤羔羊，属于羔羊保育期，重点培育羔羊

图 35　大保育羊

图 36　羔羊颗粒饲料

骨骼发育和瘤胃功能健全，不宜使用高能量的育肥料和浓缩料，更适用于羔羊保育料。主要是增加羔羊骨架发育，拉长羔羊骨架，就像孩子在长个子的时候，切记不要摄入过多高的脂肪能量，否则会影响身体发育，甚至影响孩子的心肺功能。羔羊也是如此，过早摄入能量，既影响了骨骼发育，又损伤了瘤胃功能。

顺便纠正一下客户的留言反馈：

个别客户反馈，我的羊冬季可以喝到水，我用了加热炉，可以化冰，为什么还有结石或羊长势不好、消化不好等现象？单从饮水的角度分析，羊冬季普遍饮水不足，会缺水，不是有水喝就不缺水，而是天气冷，一般水温都在 0℃以下，羊不愿意喝水，就像人一样，冬天冻得要命，再给你瓶冰镇矿泉水，你也不愿喝，所以建议大家要解决的是尽可能保障羊可以喝到20℃左右的温水。

图 37 大肚子羊苗

图 38 加热水槽

第六节　青海羊防结石勿用氯化铵

　　青海羊又称为假山羊，是绵羊的一种，学名欧拉羊，其肠道细，饲喂大量精料，很容易损伤瘤胃和肠道，加之高能量、高蛋白饲料的使用，有时消化不掉，很容易形成结石，一旦形成结石就会造成经济损失，一只羊少则 1 000 元，多则 2 000 元，个别养殖户为避免出现结石，在饲料里添加了氯化铵，用于预防和分解结石，这是错误的，因为氯化铵为化学制剂，对瘤胃损伤很重，虽能预防结石，但也会造成羊消化不良，只吃不长，毛色难看，个别羊出现拉稀。建议用中药类防结石产品预防最好。

图 39　欧拉羊育肥

第七节　羔羊奶粉的使用

　　随着羊苗价格近年高涨，越来越多的养殖户开始抓15～20斤未断奶的小羔子饲养，15～20斤的小羔子目前的价格是：公羔700～750元/只，母羔600～630元/只。价格比30斤左右的大羔羊低100元/只，空间是有，但是必须搭配合理营养，如不能合理搭配营养，建议大家饲养育肥羊还是购买30斤以上的断奶羔羊，相对更好饲养，疾病少，抵抗力强，死伤率低。缺点是羔羊苗价格高，育肥利润低。怎样平衡呢？15～20斤的羔羊也可以购买，但一定要注意搭配合理营养，只有供给足够的营养，才能降低死伤率，不然就会得不偿失。

　　20斤以下羔羊的饲养方法：

　　建议务必使用羔羊奶粉，15～20斤的羔羊一般也就20日龄，为哺乳前期羔羊，对营养需求更为强烈，如果购回后单纯使用开口料，由消化母乳直接变为消化饲料，一般会产生很大应激，加之运输和环境应激，多重应激重叠，很容易拉稀伤羊，这时配套使用羔羊奶粉，可以有效缓冲换料应激，快速补充接近母乳的营养物质，使羔羊降低应激，提高免疫力。

图 40 新进杂交羔羊

图 41 规模化散养户的羊舍

图 42 断奶杂交羔羊

羔羊奶粉的使用方法：

　　20 斤以下的羔羊使用羔羊奶粉，将奶粉和温水按 1：6 的比例，用 40℃左右的温水冲泡。每日每只羊补充 200 ～ 300克，分 4 次给羔羊饮用，最好购买专用羔羊饮奶器使用，如果确实羔羊多，人工照顾不过来，也可以每只羔羊每日 40 克干奶粉按比例拌入开口料中搭配使用，奶粉使用 7 ～ 10 天后再完全过渡为开口料，如此养殖效果最佳。

图 43　杜泊杂交羊

图 44　健康的瘤胃

第八节　牛、羊的瘤胃保健

您的牛、羊是否有拐腿现象？

您的牛、羊是否有粪便不成形现象？

您的牛、羊是否有毛色不顺的亚健康现象？

您的牛、羊是否有后期吃不动的现象？

您的牛、羊是否有吃了不长的现象？

以上现象归根结底为牛、羊瘤胃不健康。

大家都知道牛、羊属于反刍动物，有瘤胃、网胃、瓣胃、皱胃。牛羊采食的所有食物首先到达瘤胃，在瘤胃内通过瘤胃微生物进行分解发酵，再通过网胃挤压研磨，然后通过瓣胃、真胃吸收。若过早饲喂精料或饲喂精料量过大或大量使用抗生素，都会影响瘤胃内的微生物环境，致使瘤胃过酸，造成瘤胃酸中毒，然后就会出现上面提到的各种现象。

防治方法：

不建议使用抗生素类添加剂育肥，比如金霉素等。

不建议 50 斤以下的羔羊过早用催肥料催肥。

不建议早期使用大量精饲料，以免影响羔羊瘤胃的发育。

推荐的饲用方案：

30 斤以下调体质，用奶粉和开口料。

50 斤以下拉骨架及培养瘤胃功能，用保育阶段饲料。

50 ～ 120 斤育肥，用高能量类催肥料。

如果已出现上述现象，建议在饮水里加小苏打 1% 左右，同时使用瘤胃保健类中药产品进行调理保健。

第九节　一个羊场指缝里漏走的百万效益

近期走访了很多繁育羊场，管理水平参差不齐，在羊苗如此高涨的前提下，有的母羊场收益并没有预想的那样赚得盆满钵满，为什么呢？带着这个问题，进入我们下面的对话，此篇文章节选自我本人一次走访河南某繁育羊场的经历，下面我们一起来探讨。

问：养母羊的目的是什么？

答：赚钱。

问：怎样养才能赚钱？

答：多产羔，羔卖钱。

问：咱们羊场年产羔率多少才能保本？

答：将人工、水电、房租、母羊饲料、草、防疫及死淘等成本都算进去，平均一只母羊大约需要 1 200—1 500 元成本可以保平，按出生 1 周羔羊 700 元每只的出栏价格，需要 2.14 只保平。

问：您羊场的母羊现在年平均得羔率是多少？

答：所有母羊都算上平均在 2.5 只左右，一只母羊也就赚 200 多元钱。听说有的羊场平均得羔率可以做到 3.5 只左右，最好的甚至可以做到 4 只，从 2.5 只到 3.5 只，每年多得 1 只羔，在成本不变的情况下，相当于多收入了 700 元，同样养母羊，等于别人养 1 只抵我养 3 只的效益。

答：其实不复杂，我来帮您算算账，看看您的利润是怎样从指缝里漏走的。

据了解，您羊场的断奶周期为 50～55 天，个别弱羊要到 60 天，目前许多效益好的羊场断奶周期都在 40 天左右，无形当中每只母羊缩短了 15 天的配种间隔，也就是说您的是 218 天的繁殖周期，别人的是 203 天的繁殖周期，同时除以 365 天，年产羔相差 0.2 胎次，再乘以每平均胎次双羔，相当于年相差 0.4 只羔羊，按单价 700 元 / 只羔羊折算，1 只母羊等于相差 280 元利润。您这边 3 500 只母羊，一年下来相差 100 来万利润，还有 1 只母羊缩短 15 天的饲喂成本大约为 45 元，一年下来又是十几万利润，还不算节省下来的人工、水电、房租等成本。

答：您说的有道理，以前都没往这方面想，听您这样一讲，我也马上优化我们羊场的断奶时间，缩短配种间隔，就不知道断奶那么早，对母羊和羔羊会不会有影响？

答：这个您不用担心，我们有成熟的营养方案，完全可以保障您母羊和羔羊的健康。母羊方面，从母羊产前 20 天开始饲喂我们的母羊精补料至断奶后 10 天，可以保证母羊的营养，提高母羊奶水产量，促进母羊膘情恢复和返情。羔羊方面，自出生后 10 天用我们的羔羊开口料配合奶粉诱食，少喂勤添，直接饲喂至 40 日龄，日采食量达到 250 克即可断奶，同时建议羔羊断奶前后连用 10 天的羔羊奶粉，用奶粉和 40℃温水按 1:6 比例稀释，每天每只羊 300 毫升，分 4 次饲喂羔羊，以保证羔羊断奶不掉膘，快速度过断奶应激，减少羔羊损伤。

答：明白了，我马上按你们的饲养理念优化母羊养殖，缩短断奶时间，提高年产羔胎次，很高兴能和你们结缘，希望你们能给我们提供更多更好的养殖理念，让我们携手共赢。

养羊实操手册
YANGYANG SHICAO SHOUCE

目前养羊行业知识更新很快，日新月异，很多原来的养殖方法被快速突破，行情好坏，价格高低，不受我们养羊人左右，但是养好羊，降低养殖成本，提高养殖效率，才是我们真正该做的。

图 45　简易羊水槽

第十节 浅谈冬季羔羊饮水困难的危害

随着猪肉价格的高涨，羊肉价格也一飞冲天，"羊贵妃"再现江湖，羊苗价格突破千元，且一苗难求，在高苗价的今天，提高羔羊成活率，是肉羊养殖盈亏的重要前提。特别是冬季，由于天气寒冷，羔羊死亡率偏高，很多羊场羊舍简陋，饮水槽结冰现象普遍，羔羊由于饮水困难，造成了很多负面问题，严重制约了养羊的效益。

2019 年冬季的一次羊场走访中看到了一堆死羊，十分痛心，养殖户不容易，投入了巨额资金养羊致富，由于不懂技术，血本无归，帮助养殖户提高养殖效益是畜牧工作者的首要工作，故写此篇文章，供养殖户参考。

一、冬季羔羊饮水问题现状

我是一名从事反刍颗粒饲料推广的专业技术人员，2019年到金昌永昌县工作，常年奔走于兰州、张掖、金昌、武威等地的一线羊场，走访数量过千家，很多羊场固定资产投资有限，特别是一些育肥羊场，圈舍建设十分简陋，简陋到就是一片空地搭个三面透风的羊棚，特别是武威某地尤为严重，且非常普遍。

正常 40 斤左右的羔羊日采食量 500 克精饲料，需饮水量 1 000 毫升，由于条件简易，冬季室外温度在零下十几至二十几摄氏度，水槽很容易出现结冰现象，羊普遍饮水低于 1 000 毫升，因而造成生长缓慢，处于亚健康状态。

由于羊苗越大价格越高，35 斤的公羔达到 1 000 元左右，养殖户为降低成本，抓的羊苗也越来越小，基本在 25 斤上下，根据繁育场的养殖习惯，正常羔羊 50 天断奶，断奶重 30 斤左右，25 斤的羔羊还处于未断奶阶段，加之抓回来后，保温效果差，饮水槽结冰，羊不愿喝水，造成饮水严重不足，就会阻碍其生长。

图 46　结冰的羊水槽

二、冬季羔羊饮水困难的危害

（1）缺水会使进入胃肠道的食物处于干硬状态，长时间蓄积会造成瓣胃阻塞。表现的症状为羔羊毛色不顺、不吃、粪便干燥、努责无粪。

（2）缺水会引起胃肠道蠕动迟缓、消化液分泌减少、消化不良、羔羊上火。表现的症状为羔羊口疮、厌食、主动找水喝、跟着人追。

（3）缺水会引起羔羊代谢障碍、免疫力低下、碳水化合物合成不足、饲料转化率低下、羔羊长势差。表现的症状为羔羊消瘦、只有骨架没有背膘，且因饮水不足，饲料采食量减少，40斤的羔羊日增重最少减少1两，假设养殖户养100只羔羊，一天就少增重10斤，毛羊单价17元每斤，一天就要损失170元利润。

（4）缺水会使血液浓缩、血氧含量不足，尿液生成量减少，尿液中的矿物质盐类浓度增高，易形成结石。表现的症状

为排尿困难、膀胱肿大。

三、冬季羔羊饮水问题的解决方案

1. 搭建羔羊羊棚

首先，羊棚设计以走廊式、后坡式为佳，且要求前高后低，坡度设计在 30°上下，前檐高度应以 240 厘米为宜、后墙高度以 170 厘米以上为宜，而且对走廊宽度和前墙高度也要有一定要求。羊棚的大小不仅要满足羊群自由活动的需求，还要注意大小间距，不能太大、太高，防止羊的体热消耗太快，要搭一个大小适宜的羊棚，既保暖，又可以方便羊的活动。而且羊棚还要设计通风装置，在冬季午间，可以打开棚框晒圈，或者在暖棚上安装通风口，保证羊棚清洁、干燥，避免空气浑浊造成呼吸道感染或关节炎类疾病。

其次，肉羊的生存环境要保证一定的温度，注意防寒，羊群栖息的地方要注意背风、向阳，在这样的地理位置建棚才能保证温度，并且要注意在冬季做更多的保暖措施。

2. 给饮水槽加热

改造饮水槽，用木炭煤炉或加热带给饮水槽加热，将水温加热到20℃最佳，降低饲料的能量消耗，正常羔羊的体温为38℃，结冰的冰水温度在0℃左右，直接喝冰水会造成胃寒，羊不愿喝，即使喝了，也需要消耗体能把冰水加温后再利用。

3. 饮水中适当加入不超1%的小苏打

因羔羊瘤胃需要酸碱平衡，特别是冬季，羔羊饮水普遍偏少，容易胃酸，适当加入小苏打可调节瘤胃酸度，使瘤胃酸碱平衡，有效降低羊结石的发病率。

4. 饮水中少量加入维生素、葡萄糖、微生态类饮水剂等

冬季严寒，羔羊食欲不佳，更不愿喝水，饮水量小，适

图 47　加热水槽

当补充维生素、葡萄糖等能量，可以调节体质。补充微生态制剂可以促进瘤胃健康，增加羔羊食欲和饮水量。

四、冬季解决羔羊饮水问题的好处

（1）冬季羔羊饮水得到保障后，可使其食欲增加、腹泻减少、死亡率降低、饲料转化率显著提高。

2019 年 12 月 10 日，在古浪县大靖镇黄花台某羊场做了加热饮水槽和不加热饮水槽对比实验，同一批羊，各 40 只一栏，跟踪实验 20 天。实验结果是：加热饮水槽的羔羊腹泻 3 只，死亡 0 只，日均增重 4.7 两；不加热饮水槽的羔羊腹泻 17 只，死亡 3 只，日均增重 3.2 两。

（2）冬季羔羊饮水充足，可增强免疫力，使瘤胃健康。饮水增加后毛色明显好看，抗病能力也增强，粪便呈粪蛋，粪便眼观吸收彻底，无料渣现象。

（3）冬季羔羊饮水充足，结石羔羊明显减少，应激能力增强，返膘快。

羔羊饲养建议的 20 字方针：充足饮水、合理草料、防寒保暖、驱虫健胃、泻火保健。

目前羔羊价格处于高位，务必精细化饲养，降低死淘率，提高饲料转化率，保障羔羊饮水充足，避免饮水结冰、饮水困难等问题出现，想办法给羔羊冬季供应温水，增加其饮水量，俗话讲："草足、料饱、水添膘。"缺了水，再好的羊，也不能养出好的利润。

后　记

养羊是否盈利、养羊如何盈利是所有从事养羊和相关行业的人员关注的焦点，养羊无外乎两种，就是母羊繁育和羔羊育肥。

养繁育母羊是否赚钱的关键，就是四个字：节流开源。所谓节流就是考虑怎样降低成本。如：人工成本、死淘成本、管理成本、饲草料成本等；所谓开源就是提高繁殖率，让母羊多产羔。

计算公式为：

养育母羊效益 = 羔羊销售价格 × 年产羔数量
— 饲养成本

未来养繁育母羊的竞争核心就是围绕上面的公式做各种提升和改进，想办法节流开源。

养育肥羊是否赚钱的关键：

（1）降低死淘率，如 1 000 只 30 斤的羊羔子育肥，尽可能控制死淘率在 3% 以内。

图 48　育成羊

（2）提速日增重，利用一切方法提高育肥羊的日增重量，让育肥羊在最短的时间内出栏。

（3）提高饲料转化率，通过驱虫、健胃、泻火、平衡营养等一切方法，提高羊的饲料吸收率，减少饲料浪费。

计算公式为：

养育肥羊效益 = 育肥羊售价
—（羔羊采购价 + 饲料成本 + 死淘平摊）

养羊看着复杂，只要化繁为简，抓住重点，就有机会创造利润。

养羊行业作为民生行业，与老百姓的菜篮子息息相关，我们所从事的养羊产业属于朝阳产业，中国养羊业的养殖水平同中国养猪业的养猪水平之间还有很大的差距，身处养羊行业的我们，只有不断提升自己的养羊技术，控制养羊成本，才能立于不败之地。羊价的好坏不是我们可以决定的，养好羊才是我们最终的方向，让我们全体养羊人，勇立潮头，只争朝夕，

以饱满的热情，努力奋斗，推进养羊事业走向巅峰。

本书所有观点为笔者近年从事羊业工作的个人经验总结，仅代表个人观点，没有学术倾向。本书写作的主要目的是为新入行的养羊同仁分享个人从业经验，书中内容仅供参考，拜谢阅读。

卢德

2020 年 10 月 30 日于凉州